高等职业教育建筑设计类专业系列教材

建筑装饰工程制图与识图习题集

第 2 版

李思丽 编

机械工业出版社

本习题集与李思丽主编的《建筑装饰工程制图与识图》（第 2 版）配套使用，两者编排顺序基本一致。本习题集采用现行国家建筑制图标准，内容全面、题型多样、难度适中。

本习题集适用于高等职业院校建筑设计、建筑装饰工程技术、建筑室内设计等专业，土建施工、工程管理类专业也可选用。

为方便教学，本习题集配有习题答案，凡使用本书作为教材的教师均可登录机工教育服务网 www.cmpedu.com 注册下载。咨询电话：010-88379375。

图书在版编目（CIP）数据

建筑装饰工程制图与识图习题集/李思丽编. —2 版. —北京：机械工业出版社，2021.12（2024.8 重印）
高等职业教育建筑设计类专业系列教材
ISBN 978-7-111-69692-6

Ⅰ.①建… Ⅱ.①李… Ⅲ.①建筑装饰-建筑制图-高等职业教育-习题集②建筑装饰-建筑制图-识别-高等职业教育-习题集 Ⅳ.①TU238-44

中国版本图书馆 CIP 数据核字（2021）第 244782 号

机械工业出版社（北京市百万庄大街 22 号 邮政编码 100037）
策划编辑：常金锋 责任编辑：常金锋 陈紫青
责任校对：李 婷 责任印制：张 博
中煤（北京）印务有限公司印刷
2024 年 8 月第 2 版第 5 次印刷
260mm×184mm · 6.25 印张 · 76 千字
标准书号：ISBN 978-7-111-69692-6
定价：22.00 元

电话服务　　　　　　　　网络服务
客服电话：010-88361066　机 工 官 网：www.cmpbook.com
　　　　　010-88379833　机 工 官 博：weibo.com/cmp1952
　　　　　010-68326294　金 书 网：www.golden-book.com
封底无防伪标均为盗版　机工教育服务网：www.cmpedu.com

第 2 版前言

本习题集与李思丽主编的《建筑装饰工程制图与识图》（第 2 版）配套使用。

"建筑装饰工程制图与识图"是一门实践性较强的课程，必要的练习是必不可少的，它可以切实培养学生读图和绘图的基本能力，以及独立思考、解决问题的能力，巩固及加深对所学内容的理解。习题集中部分实训练习应在教师的指导下完成，除为了巩固基础理论和基本知识外，应特别注意制图基本技能的培养；部分练习要求学生在复习教材内容的基础上在课外独立完成。

本习题集在内容上注重理论性及实践性，通过适量的练习及实训，使学生掌握每个应知应会的知识点及技能，以保证知识与能力的掌握及职业技能的形成，在制图中注意遵循相关法律法规。

针对当前职业教育的实际情况，并结合编者多年的实际教学经验，整理出学生在学习过程中的常见问题和重难点，加以强化练习，并对典型制图问题进行了收集（见二维码），采用"错案比对"的思路引导学生开展讨论交流和对比分析，以帮助学生规避这些问题。

本习题集由李思丽编写，由于编者水平所限，书中难免存在疏漏和不妥之处，恳请各位读者批评指正。

编　者

二维码资源列表

目　　录

任务一　制图基本技能

1-1　字体练习

排列整齐字体端正笔划清晰注意起落

h

ABCDEFGHIJKLMNOPQRSTUVWXYZ

$\dfrac{7h}{10}$

abcdefghijklmnopqrstuvwxyz

1234567890 IV X Φ   *ABC abc 1234 IV*   75°

1. 采用 1：1 的比例画出下面七种图线，并标注尺寸（在后续的施工图绘制课程中，图线的绘制不可或缺，因此图线画法必须正确掌握，并要求有较好的图面质量）。

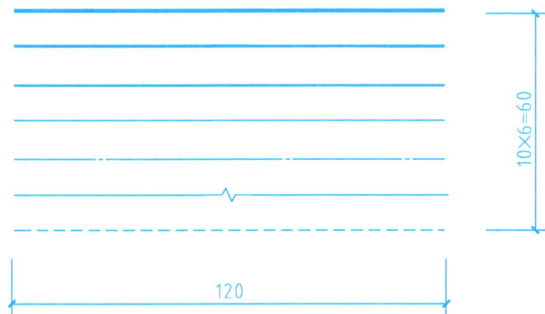

10×6＝60

120

练习时应注意的问题：

（1）水平线如何画？（用什么制图工具？怎么正确使用制图工具？）

（2）此七条水平线应平行，要求左右对齐，注意各自的画法要求。

（3）线宽：通常 b 取 1.0、0.7。

（4）尺寸标注要正确。

（5）每种图线的画法及要求。

（6）铅笔的削法和标号的选择，以及正确的使用方法。

2. 画出单面箭头、双面箭头。

请指出图中图线与箭头绘制问题

1. 请分别用 1∶200、1∶100、1∶50 的比例画出一条长度为 6000mm 的线段，并标注尺寸和比例。

2. 请分别用 1∶100、1∶50、1∶20 的比例画出一段 240mm 厚的墙体，并标注尺寸和比例。

请指出图中线段与墙体绘制问题

将下列平面图形按指定的比例标注尺寸（量取时取整数）。

（1） 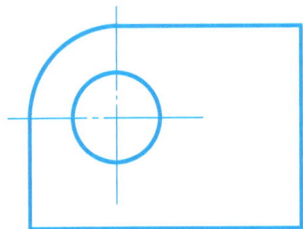 1:2	（2） 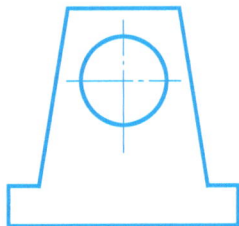 1:5	（3）  1:10
（4） 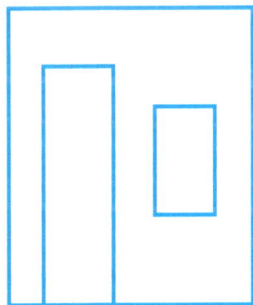 1:20	（5） 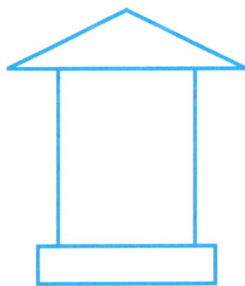 1:50	（6） 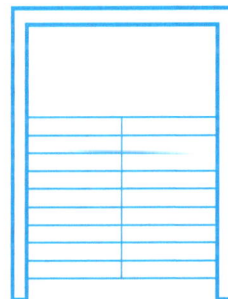 1:100

1. 请将两条平行线之间的距离 9 等分。

2. 请在两个平台之间画出 9 个相同的踏步。

3. 作圆的内接正六边形。

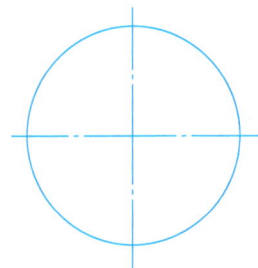

请指出图中平台之间踏步绘制的问题

一、实训内容

选取合适的两种比例，画出教室中带窗及门的一面墙的立面图，并标注尺寸、比例。

二、实训要求

（1）尺寸标注符合制图标准的要求。

（2）选取两种常用比例。

（3）线型分明，图面美观。

三、实训目的

（1）能正确进行简单测绘。

（2）能正确使用比例。

（3）能正确标注尺寸。

（4）了解并遵守制图标准的相关要求。

班级　　　　　姓名　　　　　学号　　　　　日期

一、实训内容

线型练习（一）

二、实训要求

（1）用 A3 幅面图纸抄绘。

（2）按 1：1 比例用铅笔绘制图样。

（3）图线分明，交接正确，构图均衡，图面美观。

三、实训目的

（1）正确使用绘图工具与仪器。

（2）掌握绘图步骤与方法。

（3）了解并遵守制图标准的相关要求。

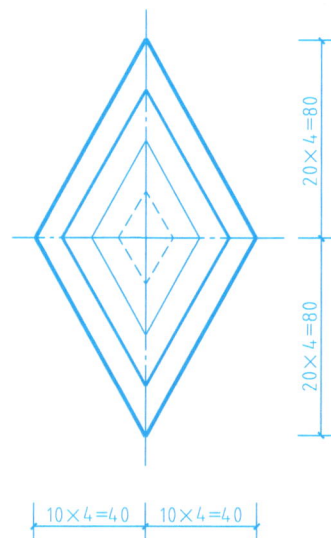

一、实训内容

线型练习（二）

二、实训要求

（1）用 A3 幅面图纸抄绘。

（2）按图中所给比例用铅笔绘制图样。

（3）图线分明，交接正确，构图均衡，图面美观。

三、实训目的

（1）正确使用绘图工具与仪器。

（2）掌握绘图步骤与方法。

（3）了解并遵守制图标准的相关要求。

（4）正确使用比例。

任务二　投影法及其在建筑工程图中的应用

2-1　投影基本知识

1. 已知一块普通砖的长、宽、高分别为 240mm、115mm、53mm，请用 1 : 5 的比例画出该砖的三面正投影图，并标注尺寸。

2. 对照立体图找其三面正投影图，并在圆圈内注出对应的图号（有两个立体图没有对应的三面正投影图）。

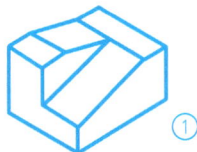

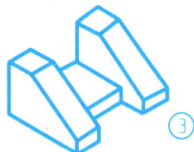

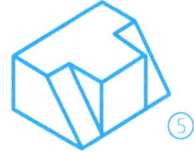

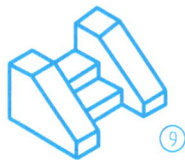

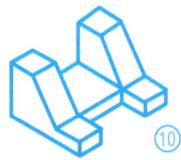

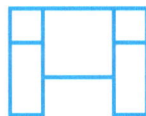

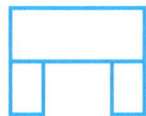

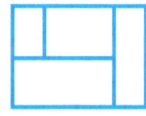

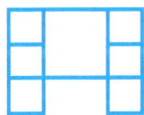

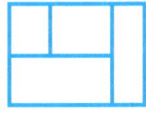

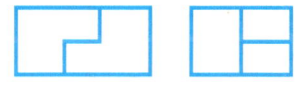

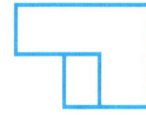

1. 根据点的直观图，作点的三面投影。

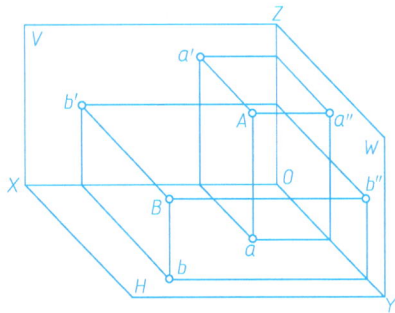

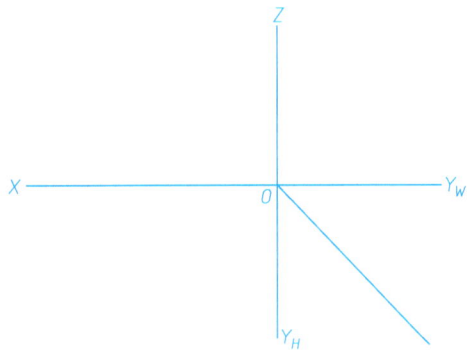

2. 根据点的三面投影，作点的直观图。

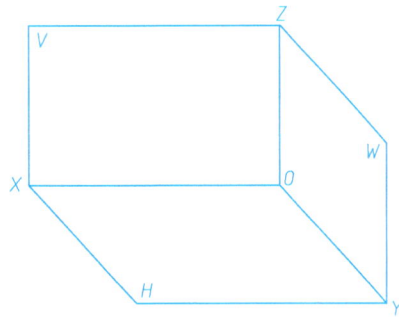

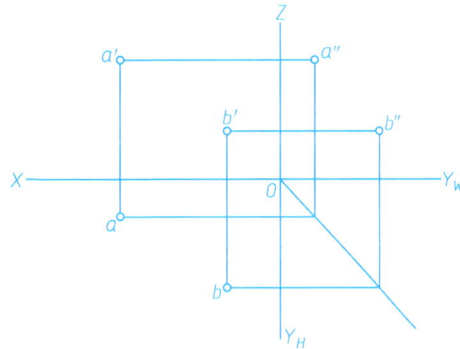

3. 已知点 M 的投影，点 N 在点 M 的前方 5mm、右方 8mm、下方 10mm，作点 N 的三面投影。

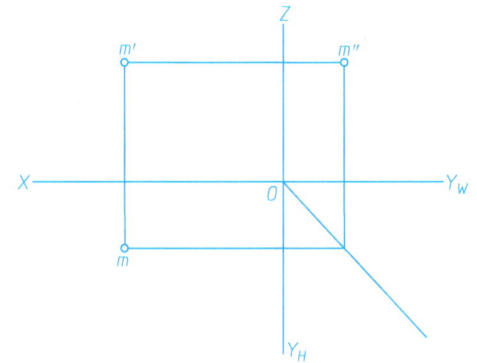

1. 作出三棱锥和三棱柱的 W 面投影，并判别形体上各棱线的空间位置。

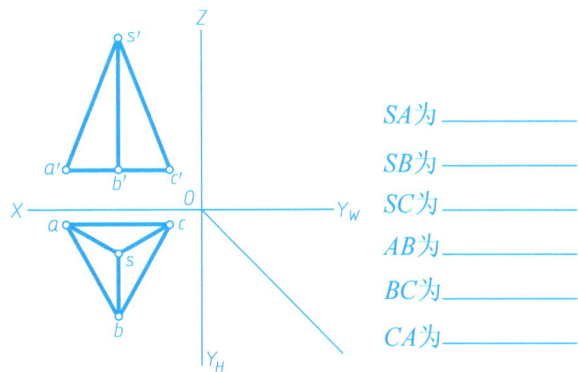

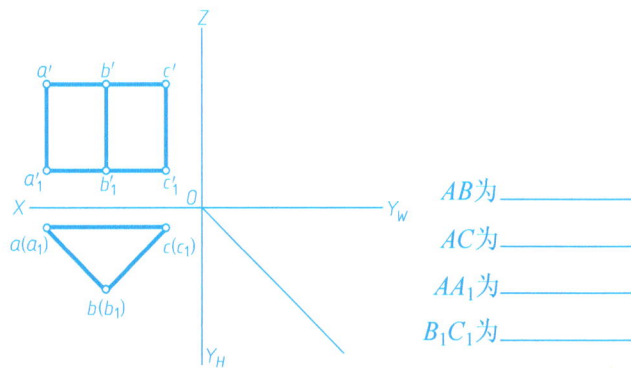

SA为 _____

SB为 _____

SC为 _____

AB为 _____

BC为 _____

CA为 _____

AB为 _____

AC为 _____

AA_1为 _____

B_1C_1为 _____

2. 补全直线的第三面投影，并判断直线的空间位置。

直线空间位置_____

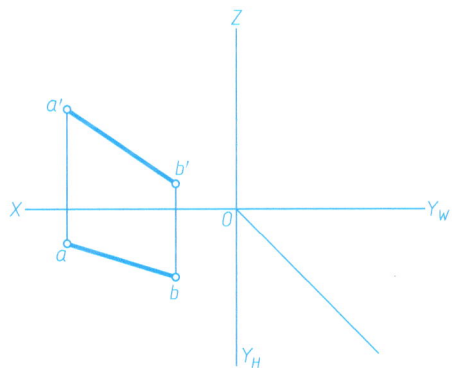

3. 过点 A 作正平线 AB，其实长为 25mm，$\alpha = 30°$。

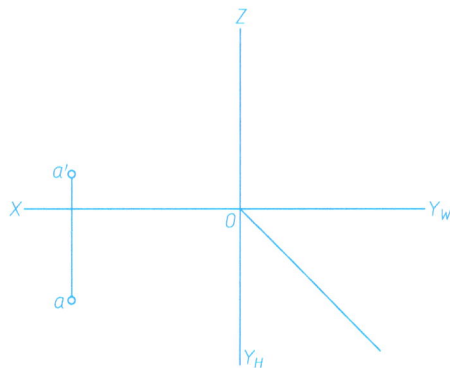

请指出图中直线的投影绘制问题

1. 根据平面的两个投影，作第三面投影，并判断其对投影面的相对位置。

平面空间位置_____   平面空间位置_____

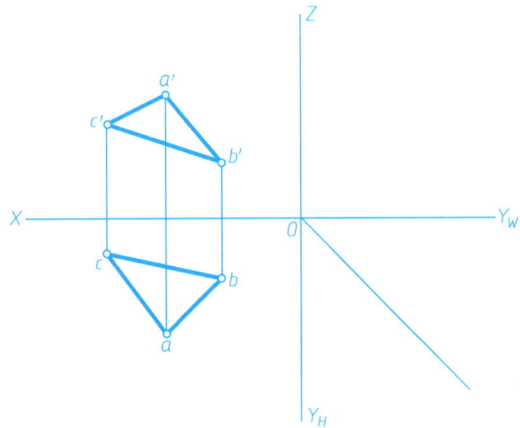

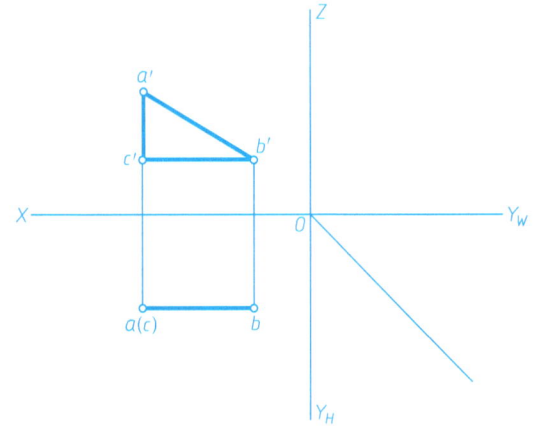

2. 正垂面 ABC，$\alpha = 30°$，且点 C 在点 B 的左后下方。作正垂面 ABC 的其余两个投影。

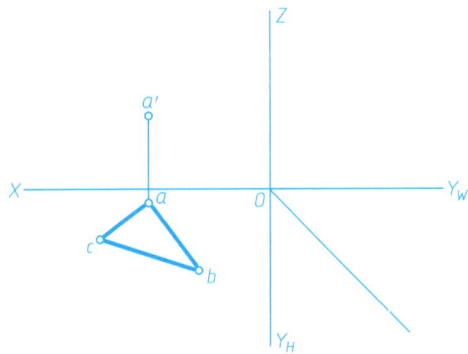

3. 作侧平面 $ABCD$ 的正面投影及水平投影。

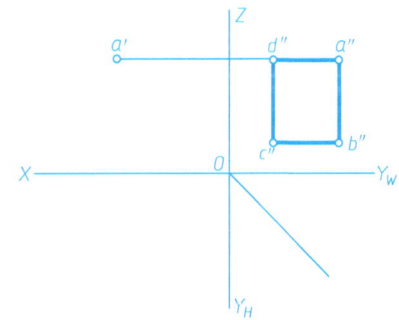

1. 下图为同一个五棱柱的两种不同摆放位置，试分别作出各自的三面正投影图。

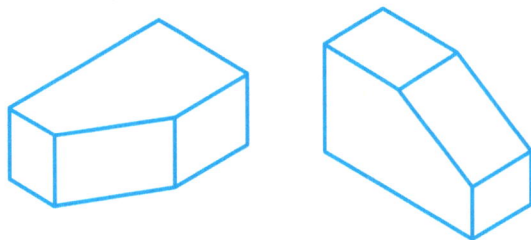

2. 补绘第三面投影。

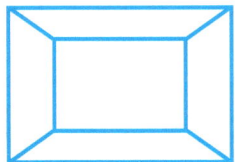

3. 已知正三棱锥高 15mm 及其水平投影，试完成其 V、W 面投影。

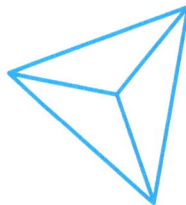

4. 补绘第三面投影。

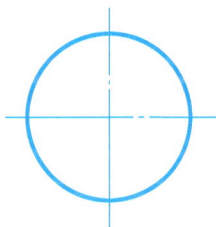

5. 补绘第三面投影。

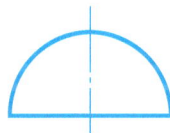

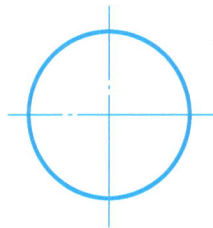

请指出图中基本形体第三面投影绘制问题

1. 补绘形体的第三面投影。

（1）

（2）

（3）

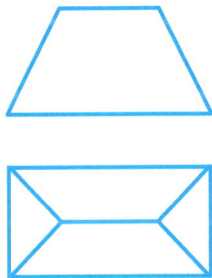

（4）

　请指出图中组合形体第三面投影绘制问题（一）

2. 根据形体的两面投影，想象出至少三种不同的形体，并画出其第三面投影。

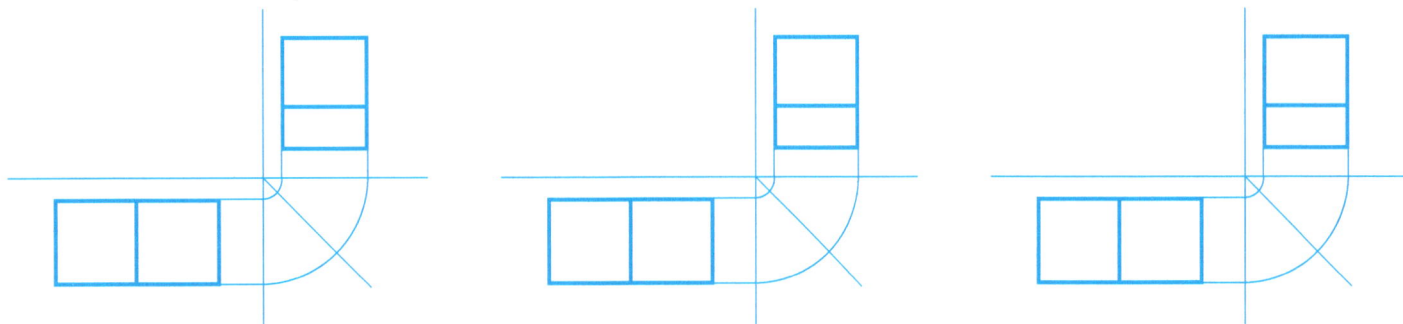

请指出图中组合形体第三面投影绘制问题（二）

3. 根据立体图作三面投影图（尺寸从立体图中直接量取）。

（1）

（2）

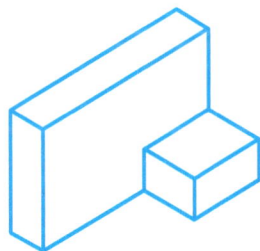

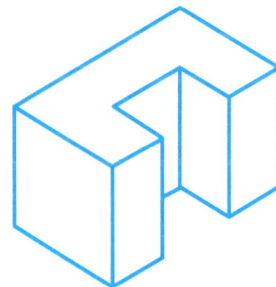

请指出图中组合形体第三面投影绘制问题（三）

4. 根据立体图作三面投影图（尺寸从立体图中直接量取）。

（1）

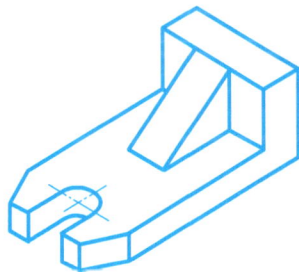

（2）

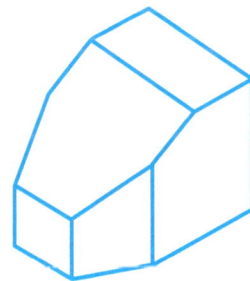

请指出图中组合形体第三面投影绘制问题（四）

5. 已知形体的两面投影，补绘其第三面投影。

（1）

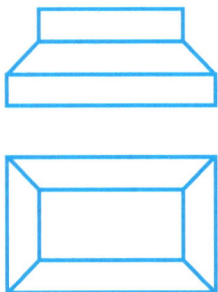

（2）

（3）

（4）

6. 已知形体的两面投影，补绘其第三面投影。

（1）

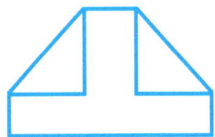

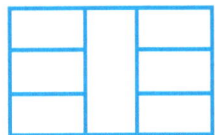

（2）

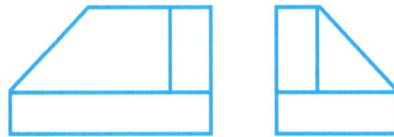

（3）

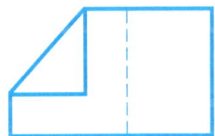

（4）

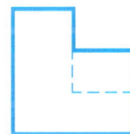

7. 已知形体的两面投影, 补绘其第三面投影。

（1）

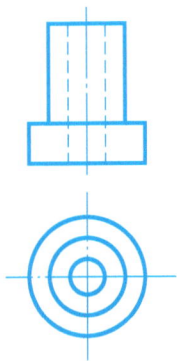

（2）

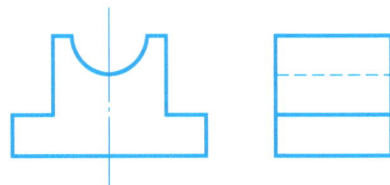

（3）

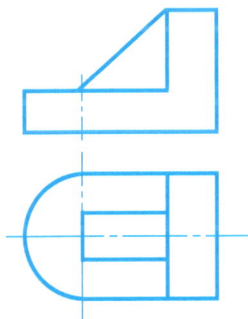

（4）

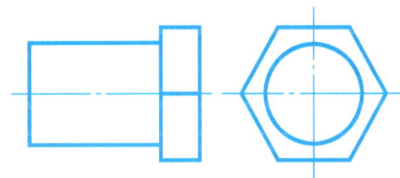

班级　　　　　　姓名　　　　　　学号　　　　　　日期

补全同坡屋面［第（1）、（3）、（4）题］和歇山屋面［第（2）题］的三面投影图（屋面坡度 $\alpha = 30°$）。

（1）

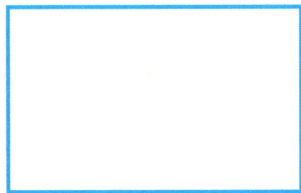

（2）

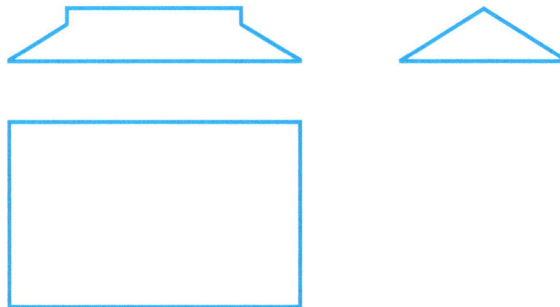

（3）

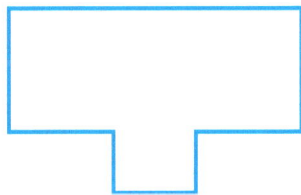

（4）

班级　　　　　姓名　　　　　学号　　　　　日期

任务三 建筑形体的图样画法

3-1 轴测图

1. 根据投影图作形体的正等测图。

（1）

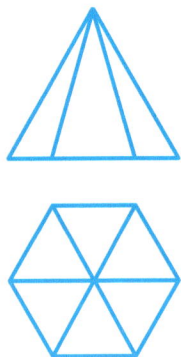

（2）

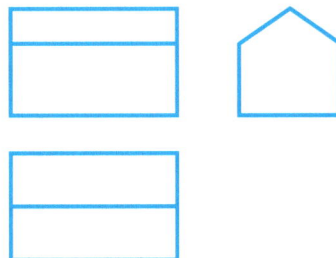

（3）

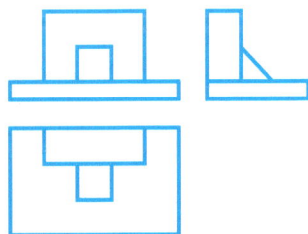

（4）

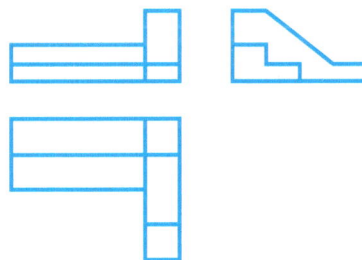

2. 根据投影图作形体的正面斜二测图。

（1）

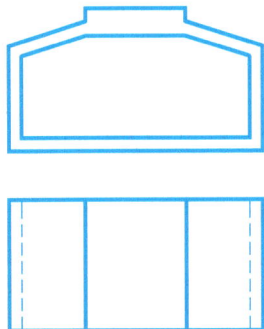

（2）

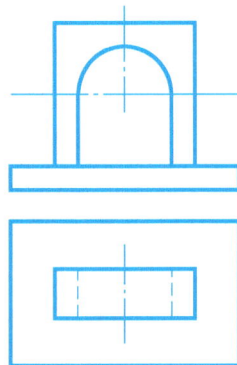

（3）

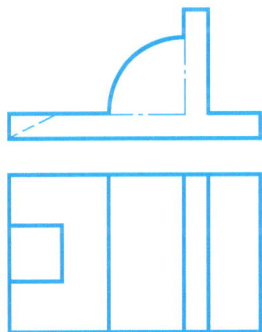

3. 根据投影图作形体的水平斜等测图。

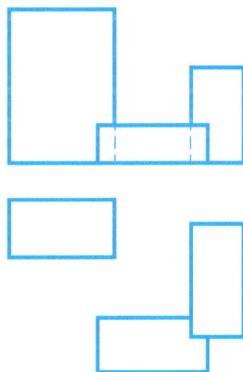

班级　　　　姓名　　　　学号　　　　日期

一、实训内容

水平斜等测图绘制。

二、实训要求

（1）根据《建筑装饰工程制图与识图》（第 2 版）中图 2-1 所示住宅装饰平面图，绘制其水平斜等测图。

（2）A3 图纸幅面。

（3）自己选取合适的比例。

（4）图线分明，交接正确，构图均衡，图面美观。

三、实训目的

掌握水平斜等测画法在建筑室内表现中的应用。

班级　　　　　姓名　　　　　学号　　　　　日期

按展开顺序，作下面形体的六视图（尺寸从图中直接量取）。

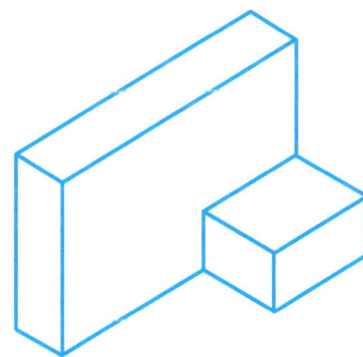

作下面对称形体的三视图，并标注尺寸（尺寸从立体图中直接量取，取整数）。

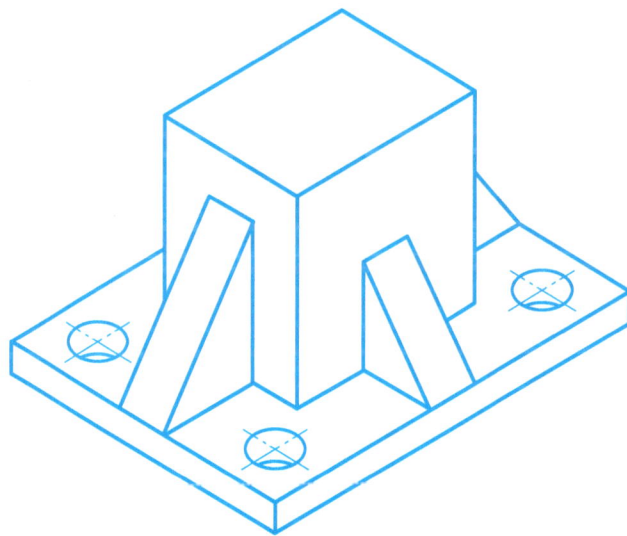

作下面形体的镜像平面图。

（1）

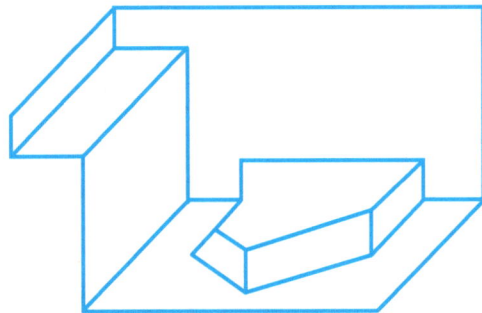

（2）

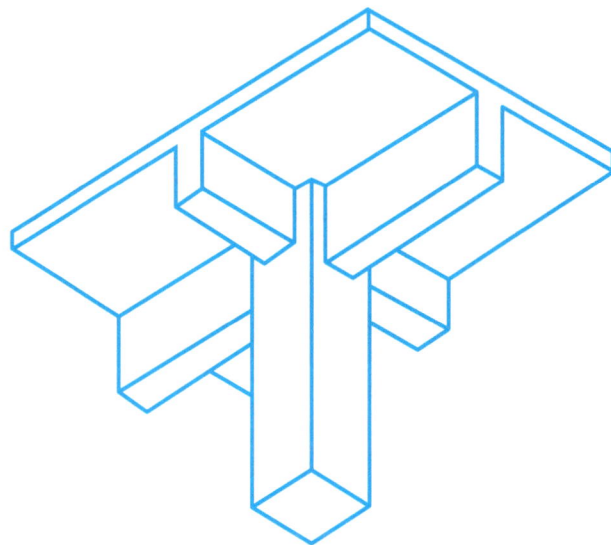

班级　　　　姓名　　　　学号　　　　日期

3-5 剖面图与断面图

1. 作形体的剖面图。

（1）

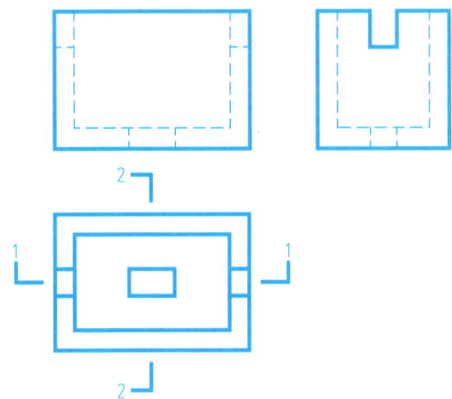

（2）

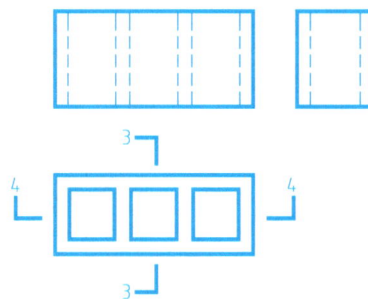

（3）

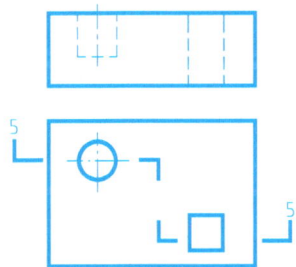

2. 作形体的 W 向半剖面图。

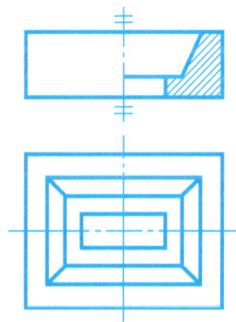

3. 下面为某房间的三视图，该房间有以下三种剖切方法。

1—1 剖面图：水平剖切平面经过门窗洞剖切，向下投影。

2—2 剖面图：正平剖切平面经过门及右窗剖切，向后投影。

3—3 剖面图：侧平剖切平面经过前窗剖切，向左投影。

（1）分别在 a）图和 b）图中画出国际通用剖视表示方法剖切符号和常用方法剖切符号。

（2）作出 1—1、2—2、3—3 剖面图，并标注图名。

（3）常用方法表示的剖切符号包括＿＿＿＿＿＿＿、＿＿＿＿＿＿＿、＿＿＿＿＿＿＿；国际通用剖视表示方法的要点为＿＿＿＿＿＿＿

＿＿。

a）画出国际通用剖视表示方法剖切符号

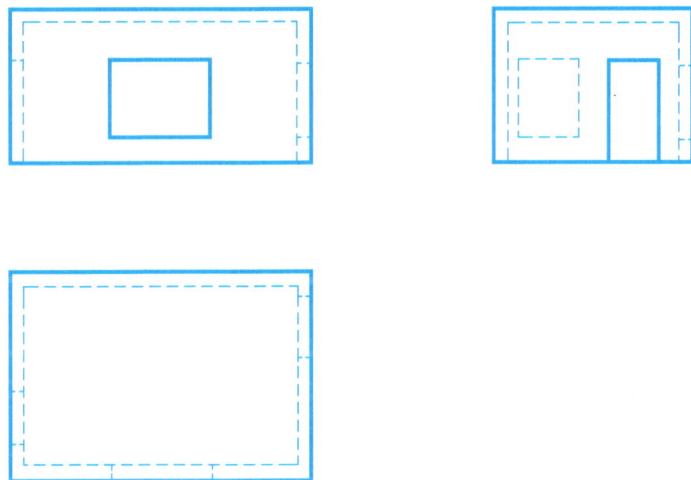

a)

b) 画出常用方法剖切符号，作出 1—1 剖面图、2—2 剖面图、3—3 剖面图，并标注图名

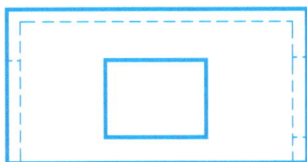

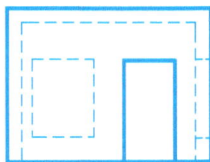

b)

4. 按剖切符号作形体的剖面图及断面图。

（1）

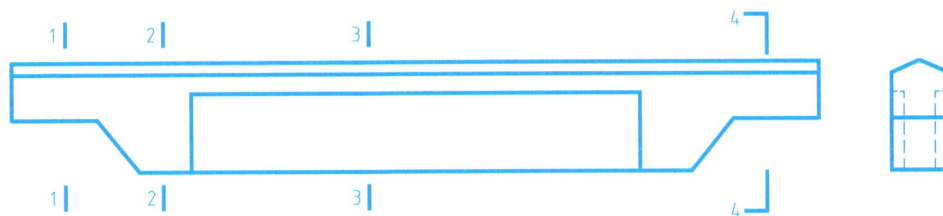

（2）

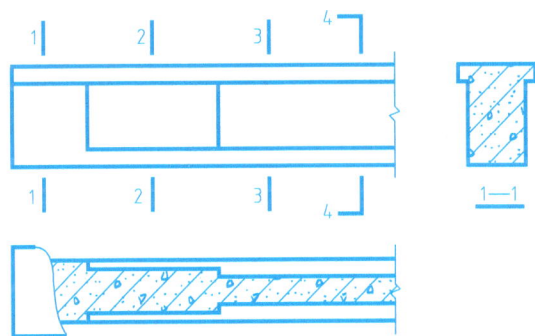

1—1

请指出图中剖面图与断面图绘制问题

任务四 建筑施工图基本技能

4-1 常用建筑材料图例、门窗图例的画法

1. 把建筑材料与对应的材料图例连线。

▤	钢筋混凝土
▥	金属
▦	玻璃
▧	耐火砖
▨	多孔材料
▩	实心砖、多孔砖
▪	砂、灰土
▫	石材

2. 完整画出下列不同开启方式门窗的图例。

（1）单扇内开平开门

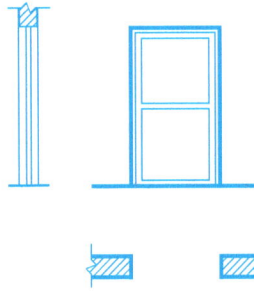

（2）双扇双面弹簧门

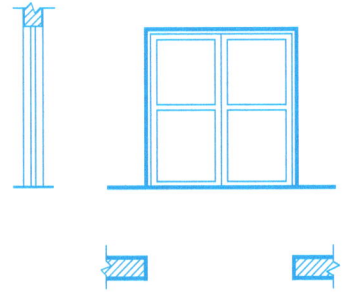

（3）单扇双面弹簧门

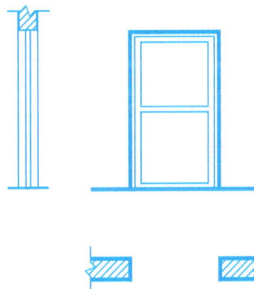

（4）单层中悬窗

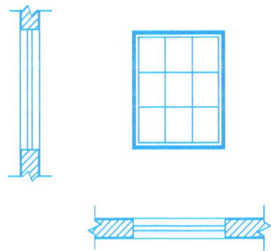

1. 已知平面图、立面图，作 1—1 剖面图。

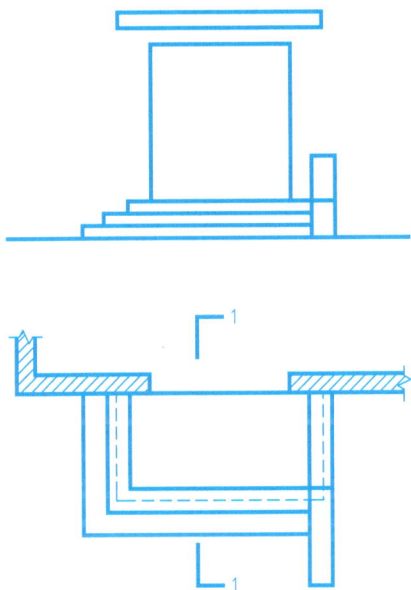

2. 已知平面图、立面图，作 2—2 剖面图。

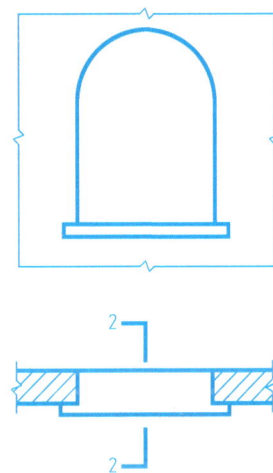

1. 画出下列符号。

（1）总平面图室外地坪标高为 92.50m。　　（2）①轴线之前附加的第二根轴线。　　　（3）指北针。

（4）②轴线之后附加的第一根轴线。　　　（5）单面、双面、四面内视符号。

2. 说出下列符号的含义。

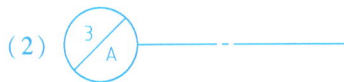

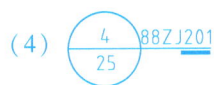

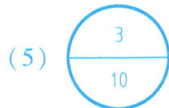

（1）
```
9.000
6.000
3.000
▽
```

（2）③/A —————

（3）

（4）4/25　88ZJ201

（5）3/10

识读建筑物的平面图、立面图，并请按以下要求完成作图。

（1）要求

1）把立面图中缺少的图线补充完整。

2）窗台高度为900mm，窗洞高度为1500mm，标注立面图中窗洞口的标高。

3）作出 1—1 剖面图，要求标注相关的轴线号、尺寸、标高。

4）把平面图中缺少的轴线号、尺寸补充完整。

（2）说明

1）平屋顶挑檐伸出外墙500mm。

2）沿③轴线设有一根简支梁，其断面尺寸为 200mm×300mm。

3）M1、M2 高 2100mm。

4）窗台凸出墙面 60mm，凸出墙面窗台板高度 120mm。

5）窗洞处过梁高度 180mm，宽与墙相等。

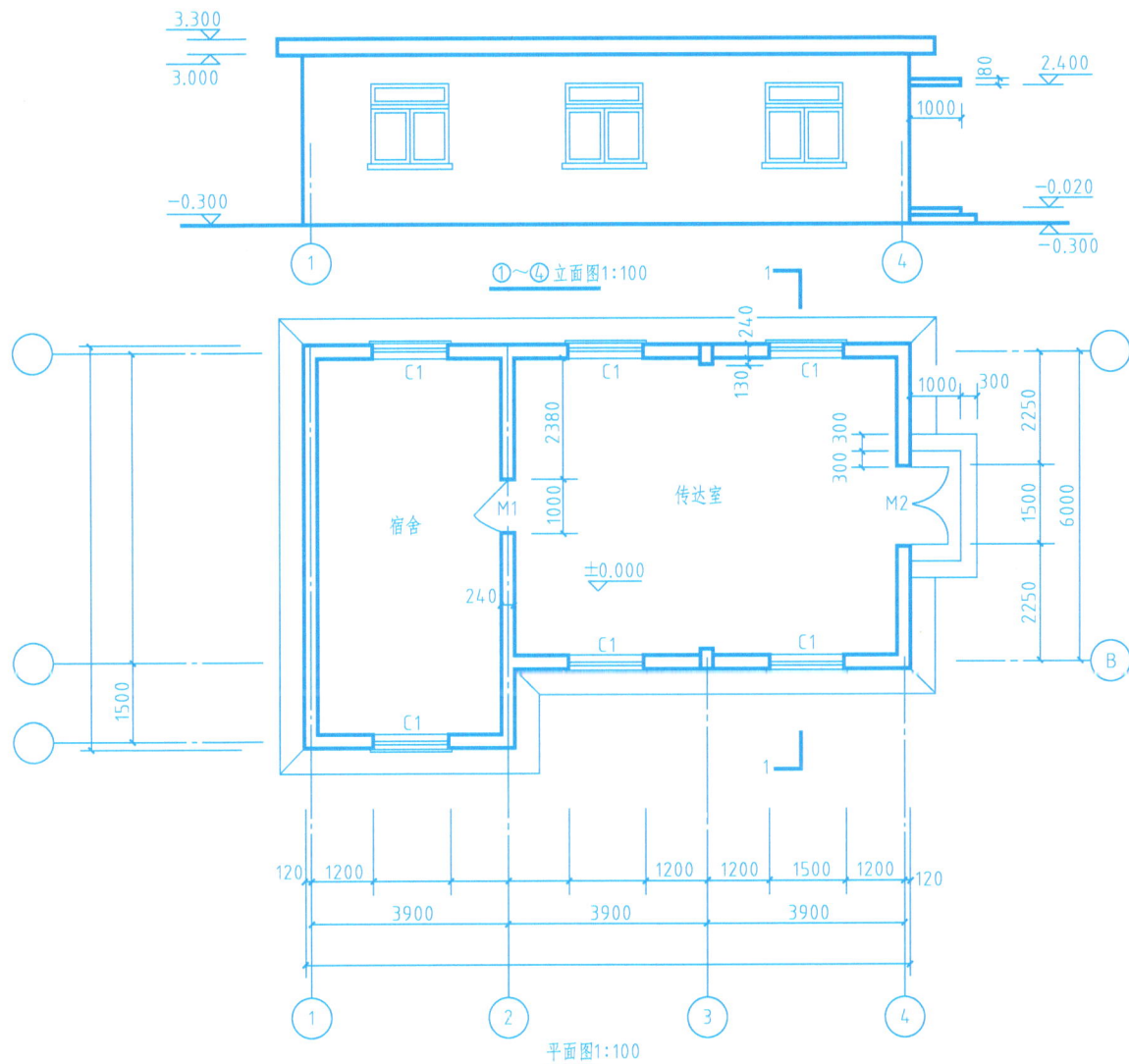

①～④立面图1:100

传达室

宿舍

平面图1:100

班级　　　　姓名　　　　学号　　　　日期

1. 选择题

(1) 建筑工程图中的尺寸单位，总平面图和标高以（　　）为单位。

A. mm　　　　　　　　　　B. cm　　　　　　　　　　C. m　　　　　　　　　　D. km

(2) 施工平面图中标注的尺寸只有数量没有单位，按国家标准规定单位应该是（　　）。

A. mm　　　　　　　　　　B. cm　　　　　　　　　　C. m　　　　　　　　　　D. km

(3) 图纸上标注的比例是 1∶1000，则图纸上的 10mm 表示实际的（　　）。

A. 10mm　　　　　　　　　B. 100mm　　　　　　　　C. 10m　　　　　　　　　D. 10km

(4) 在建筑制图中，下列图线的用法错误的是（　　）。

A. 平、剖面图中被剖切的主要建筑构造的轮廓线用粗实线　　　B. 建筑立面的外轮廓线用中粗实线

C. 构造详图中被剖切到的主要部分的轮廓线用粗实线　　　D. 尺寸线、尺寸界线、图例线、索引符号等用细实线

(5) 工程制图中的主要可见轮廓线应选用（　　）。

A. 粗实线　　　　　　　　　B. 中实线　　　　　　　　C. 粗虚线　　　　　　　　D. 中虚线

(6) 建筑平面图中的中心线、对称线一般应用（　　）。

A. 细实线　　　　　　　　　B. 细虚线　　　　　　　　C. 细单点长画线　　　　　D. 细双点长画线

(7) 建筑施工图中定位轴线端部的圆用细实线绘制，直径为（　　）。

A. 8～10mm　　　　　　　　B. 11～12mm　　　　　　　C. 5～7mm　　　　　　　　D. 12～14mm

(8) 建筑施工图中索引符号的圆的直径为（　　）。

A. 8mm　　　　　　　　　　B. 10mm　　　　　　　　　C. 12mm　　　　　　　　　D. 14mm

(9) 建筑施工图中详图符号的圆应以直径为（　　）的粗实线绘制。

A. 10mm　　　　　　　　　B. 12mm　　　　　　　　　C. 14mm　　　　　　　　　D. 16mm

(10) 指北针圆的直径宜为（　　），用细实线绘制。

A. 14mm　　　　　　　　　B. 18mm　　　　　　　　　C. 20mm　　　　　　　　　D. 24mm

(11) 下列立面图的图名中错误的是（　　）。

A. 房屋立面图　　　　　　　B. 东立面图　　　　　　　C. ⑦～①立面图　　　　　D. Ⓐ～Ⓕ立面图

(12) 外墙面的装饰做法可在（　　）中查到。

A. 建筑平面图　　　　　　　B. 建筑立面图　　　　　　C. 建筑剖面图　　　　　　D. 结构平面图

（13）主要用来确定新建房屋的位置、朝向以及周边环境关系的是（　　　）。

A. 建筑平面图　　　　　　B. 建筑立面图　　　　　　C. 总平面图　　　　　　D. 功能分区图

（14）对称符号应以细实线绘制，平行线长度为（　　　），平行线间距为 2～3mm。

A. 3～5mm　　　　　　　B. 6～10mm　　　　　　　C. 11～15mm　　　　　　D. 20～30mm

（15）确定各基本形体大小的尺寸称为（　　　）。

A. 定形尺寸　　　　　　　B. 定位尺寸　　　　　　　C. 标志尺寸　　　　　　D. 构造尺寸

（16）建筑详图的特点是（　　　）。

A. 比例大　　　　　　　　B. 数量多　　　　　　　　C. 尺寸标注齐全　　　　D. 文字说明详尽

（17）总平面图的主要用途有（　　　）。

A. 工程概预算、新建房屋定位放线的依据　　　　　　B. 施工管理的依据

C. 场地填挖方的依据　　　　　　　　　　　　　　　D. 室外管网、线路布置的依据

（18）下列不属于建筑施工图详图的是（　　　）。

A. 基础详图　　　　　　　B. 节点详图　　　　　　　C. 门窗详图　　　　　　D. 墙身详图

（19）坡度的大小可用（　　　）表示。

A. 角度　　　　　　　　　B. 弧度　　　　　　　　　C. 比值　　　　　　　　D. 圆弧线

（20）下列比例属于放大比例的是（　　　）。

A. 1∶50　　　　　　　　B. 20∶1　　　　　　　　C. 5∶1　　　　　　　　D. 1∶100

2. 判断题

（1）建筑平面图是假想用一水平的剖切平面沿着房屋门窗洞口以下的位置将房屋剖开，移去上面的部分，对剖切面以下部分所作的水平投影图。（　　　）

（2）建筑立面图是向平行于建筑物各立面的投影面所作的正投影图。（　　　）

（3）屋顶平面图就是屋顶外形的水平投影图。（　　　）

（4）一套完整的房屋施工图中，一般按专业分为建筑施工图、结构施工图、设备施工图三类。（　　　）

（5）当比例注写在图名的右侧时，图名和比例的字高应该一样。（　　　）

（6）图纸的幅面是指图纸的大小，常用的有 A0～A4 五种基本规格。（　　　）

（7）比例是指图中图形与其实物相应要素的线性尺寸之比。（　　　）

（8）标注球的直径尺寸时，应在尺寸数字前加注符号"$S\phi$"。（　　　）

（9）建筑详图是建筑细部节点的施工图。（　　　）

实训任务五　识读及绘制装饰施工图

说明：正图及汇报为每位学生独立完成。

一、实训内容

（1）铅笔线绘制 A2 图纸。

（2）图纸内容

1）平面布置图 1：50。

2）地面铺装图 1：50。

3）顶棚平面图 1：50。

4）装饰立面图 1：30。

5）装饰详图 1：10。

图样见《建筑装饰工程制图与识图》（第 2 版）项目 7。

二、实训要求

（1）制图及图面要求

1）制图步骤及方法正确。

2）合理构图、正确应用比例、区分图线，符合制图标准的相关要求。

3）正确绘制图例、符号，掌握相关建筑装饰施工图的制图标准。

4）图面清晰、整洁、美观。

（2）纪律要求　遵守课堂纪律、按时完成实训任务。

三、实训目的

（1）掌握制图工具与用品的正确使用方法，能够快速准确地绘制工程图。

（2）熟悉制图国家标准的相关要求，如图纸幅面、图线、字体、比例、尺寸标注等的相关规定并正确运用。

（3）能正确识读建筑装饰施工图内容，掌握建筑装饰施工图的绘制方法和步骤，进一步理解建筑装饰施工图的图示内容。

（4）为后续专业课程打下必要的基础。

四、时间安排

一周，共 30 课时。

五、成绩考核

成绩考核依据如下。

（1）出勤：10%。

（2）答辩（根据图纸绘制情况及图面内容，每人回答 2~3 道问题）：20%。

（3）图面质量：70%。

以上三项合计，按优、良、中、及格、不及格进行评定。

六、汇报

根据批改的图样，分析图样中存在的问题，并修改正确（如果错误较多则需要重画）。把所绘制的图样、修改后的图样及本次的实训总结，制作成 PPT 进行汇报。

下图为某宾馆标准间的设计效果图，请查阅相关资料并绘制出其装饰施工图。

绘制装饰施工图（1）

绘制装饰施工图（2）

班级　　　　　　姓名　　　　　　学号　　　　　　日期

参考文献

[1]　居义杰，李思丽. 建筑识图 [M]. 2 版. 武汉：武汉理工大学出版社，2018.

[2]　高远. 建筑装饰制图与识图习题集 [M]. 3 版. 北京：机械工业出版社，2019.